I0490857

EINE WELTREISE DURCHS ALL

Grundkenntnisse der Astronomie

Mag. Eva Prasch

Copyright © 2023 Mag. Eva Prasch

Impressum
Hirtengasse 1
7202 Bad Sauerbrunn

Vervielfältigung nur mit Genehmigung des Herausgebers gestattet.
Verwendung oder Verarbeitung durch unautorisierte Dritte in allen
gedruckten, audiovisuellen, akustischen oder anderen Medien ist untersagt.
Die Text Rechte verbleiben beim Autor, dessen Einverständnis zur
Veröffentlichung hier vorliegt. Für Satzfehler keine Haftung.
Impressum
Autor Mag. Eva Prasch,

© 2023 Mag. Eva Prasch. Alle Rechte vorbehalten.
Satz: Mag. Eva Prasch
Umschlag: Mag. Eva Prasch
Druck und Bindung: Mag. Eva Prasch

CONTENTS

I. EINLEITUNG

Die Astronomie ist eine der Einführungswissenschaften der Menschheit.

Schon **vor Jahrtausenden** haben die Menschen begonnen, den Himmel zu beobachten und sich mit den Sternen, Planeten und Galaxien auseinanderzusetzen.

In der modernen Astronomie haben wir heute ein tiefes Verständnis für das Universum und seine Strukturen erreicht.

Aber trotzdem gibt es noch viele offene Fragen und ungelöste Rätsel.

In diesem Buch möchte ich Dir eine Einführung in die Grundkenntnisse der Astronomie geben und Sie auf eine Weltreise durchs All mitnehmen.

Dabei betrachten wir die Astronomie aus einer interdisziplinären Perspektive und beleuchten die Verbindungen zu anderen Wissenschaftsbereichen wie der Physik, der Chemie, der Biologie oder auch der Kulturgeschichte.

Unser Ziel ist es, Dir ein umfassendes Verständnis für das Universum und seine Strukturen zu vermitteln und Dir einen Einblick in die faszinierende Welt der Astronomie geben.

Dabei gehen wir auf die wichtigsten Themen der Astronomie ein, von der **Himmelsmechanik** und der **Gravitation** über die **Sterne** und **Planeten** bis hin zu den **Galaxien** und der **Kosmologie**.

Ich beginne mit einem historischen Überblick über die Astronomie und führe Dich dann in die Grundlagen der Himmelsmechanik und Gravitation ein.

Anschließend zeige ich Dir die Sterne und ihre Eigenschaften sowie die Entstehung und Entwicklung von Planeten.

Im Bereich der Galaxien und Kosmologie zeige ich Dir die Struktur des Universums, seine Entstehung und Entwicklung sowie kosmologische Modelle.

Dabei beleuchte ich auch interdisziplinäre Perspektiven wie die Verbindung zur Raumfahrt oder zur Astrobiologie.

Am Ende des Buches gebe ich Dir einen Ausblick auf aktuelle Forschungsfragen und -projekte und diskutiere die Zukunft der Astronomie.

Ich hoffe, dass dieses Buch Dich dazu inspiriert, Dich selbst weiter mit der faszinierenden Welt der Astronomie auseinanderzusetzen.

• *Motivation und Zielsetzung*

Die Astronomie ist eine faszinierende Wissenschaft, die uns Einblicke in das Universum und seine Strukturen gibt.

Wir sind von Sternen und Planeten umgeben und es ist nur natürlich, dass wir uns als Menschen dafür interessieren, was sich in den Weiten des Alls verbirgt. Die Motivation für dieses Buch liegt darin, Dir die Grundlagen der Astronomie zu vermitteln und Dir ein Verständnis dafür zu geben, wie das Universum funktioniert.

Mein Ziel ist es, Dir eine Weltreise durchs All zu bieten und Dir die Möglichkeit zu geben, die Grundkenntnisse der Astronomie aus einer interdisziplinären Perspektive zu erlernen.

Ich möchte Dir dabei helfen, ein tiefes Verständnis für die Strukturen und Prozesse im Universum zu entwickeln, die uns umgeben.

Dieses Buch soll Dich, sowohl Astronomie-Neulinge als auch intensivierte Kenner, ansprechen.

Ich werde dabei auf die wichtigsten Themen der Astronomie eingehen und Dir einen Überblick über die einfachen Konzepte und Theorien geben.

Dabei betrachten wir die Astronomie nicht nur als eigenständige Wissenschaft, sondern ich zeige Dir auch, wie Du mit anderen Wissenschaftsbereichen wie der Physik, Chemie, Biologie oder Kulturgeschichte verbunden bist.

Unser Ziel ist es, Dir ein breites Spektrum an Informationen und Einblicken zu bieten, die Dir dabei helfen soll, die faszinierende Welt der Astronomie besser zu verstehen und zu schätzen.

Ich hoffe, dass dieses Buch dazu moduliert, Deine Begeisterung für die Astronomie zu wecken und Dir dabei hilft, Dich auf eigene Entdeckungsreisen durchs All zu begeben.

Historischer Überblick
über die Astronomie

Die Astronomie ist eine der Einführungswissenschaften der Menschheit und hat eine lange Geschichte. Schon vor Jahrtausenden haben die Menschen den Himmel beobachtet und versucht, die Bewegungen der Himmelskörper zu verstehen.

Die frühesten Aufzeichnungen über astronomische Phänomene stammen aus der Zeit des alten Babylon und gehen bis ins **2. Jahrtausend v. Chr.** zurück.

Die Babylonier haben die Bewegungen der Planeten und Sterne aufgezeichnet und daraus Kalender entwickelt, die bis heute genutzt werden.

Auch im antiken Griechenland spielt die Astronomie eine wichtige Rolle.

Der griechische Astronom und Mathematiker **Aristoteles** war einer der Ersten, der das geozentrische Weltbild erfasst, bei dem die Erde als Mittelpunkt des Universums betrachtet wurde.

Sein Schüler und Nachfolger, der Philosoph und Wissenschaftler **Ptolemäus**, verfeinerte diese Theorie und veröffentlichte im 2. Jahrhundert n. Chr. sein Werk **"Almagest"**, das bis ins Mittelalter hinein als Standardwerk der Astronomie galt.

In der islamischen Welt wurde die Astronomie im 9. Jahrhundert n. Chr. stark gefördert. Der persische Astronom **al-Chwarizmi** führte neue Methoden zur Bestimmung der Positionen von Himmelskörpern durch, die später von europäischen Astronomen übernommen wurden.

Im Mittelalter wurde die Astronomie vor allem von Mönchen und Gelehrten betrieben. Der polnische Astronom

Nikolaus Kopernikus brachte im 16. Jahrhundert mit **seinem heliozentrischen Weltbild** (ein Weltbild, in dem die Sonne als das ruhende Zentrum des Universums gilt) die bis dahin gültige Vorstellung von der Erde als Mittelpunkt des Universums ins Wanken.

Im 17. Jahrhundert revolutionierten Wissenschaftler wie **Johannes Kepler, Galileo Galilei und Isaac Newton** die Astronomie mit ihren Entdeckungen und Theorien.

Die **Einführung des Teleskops** ermöglicht es, den Himmel genauer zu beobachten und neue Erkenntnisse über die Bewegungen der Himmelskörper zu gewinnen.

Seitdem hat sich die Astronomie kontinuierlich weiterentwickelt und neue Entdeckungen und Theorien hervorgebracht. Heute nutzen Astronomen modernste Technologien wie Teleskope im Weltall und künstliche Intelligenz, um die Geheimnisse des Universums zu erforschen.

II. HIMMELSMECHANIK UND GRAVITATION

Die Himmelsmechanik und Gravitation sind zentrale Themen der Astronomie. Die Bewegungen der Himmelskörper lassen sich nur durch die Gravitationskraft erklären, die zwischen ihnen wirkt.

Ein wichtiger Meilenstein in der Entwicklung der Himmelsmechanik war das Werk **"Mathematica" von Johannes Kepler**.

Kepler stellte darin seine **drei Gesetze der Planetenbewegung** vor, die bis heute gültig sind.

Das erste Gesetz besagt, dass sich Planeten auf elliptischen Bahnen um die Sonne bewegen.

Das zweite Gesetz besagt, dass sich ein Planet bei seiner Bewegung in der Nähe der Sonne schneller bewegt als weiter entfernt.

Das dritte Gesetz besagt, dass das Verhältnis der Umlaufzeiten von Planeten zu ihrer Entfernung von der Sonne konstant ist.

Ein weiterer bedeutender Wissenschaftler auf dem Gebiet der Himmelsmechanik war **Isaac Newton**. Newton **führte die Gravitationsgesetze** ein, die besagen, dass die Gravitationskraft zwischen zwei Körpern proportional zu ihren Massen und umgekehrt proportional zum Quadrat ihrer Entfernung ist.

Mit diesen Gesetzen konnte er nicht nur die Bewegungen der Planeten im Sonnensystem erklären, sondern auch die Bewegung von Himmelskörpern außerhalb des Sonnensystems.

Die Himmelsmechanik und Gravitation spielen auch eine wichtige Rolle bei der Entdeckung neuer Himmelskörper.

Zum Beispiel wurden der **Planet Neptun** und der **Zwergplanet Pluto** durch mathematische Berechnungen aufgrund von Abweichungen in der Bewegung anderer Planeten entdeckt.

Heute wird die Himmelsmechanik und Gravitation auch genutzt, um die Flugbahnen von Satelliten und Raumsonden zu berechnen und zu steuern.

Ohne dieses Wissen wäre die Erforschung des Weltraums und die Kommunikation über große Entfernungen im All nicht möglich.

• *Keplersche Gesetze*

Die Keplerschen Gesetze sind drei Gesetzmäßigkeiten, die die Bewegung der Planeten um die Sonne beschreiben.

Sie wurden vom deutschen Astronomen **Johannes Kepler** in seinem Werk **"Astronomia Nova"** im **Jahr 1609** gefunden und gehören zu den wichtigsten Entdeckungen in der Astronomie.

Das erste Keplersche Gesetz besagt, dass sich Planeten auf elliptischen Bahnen um die Sonne bewegen, wobei sich die Sonne in einem der beiden Brennpunkte der Ellipse befindet.

Dieses Gesetz widerspricht der damals vorherrschenden Vorstellung, dass die Planeten sich auf kreisförmigen Bahnen um die Sonne bewegen.

Das zweite Keplersche Gesetz besagt, dass sich ein Planet bei seiner Bewegung in der Nähe der Sonne schneller bewegt als weiter entfernt. Dies bedeutet, dass sich die Planeten bei ihrem Umlauf um die Sonne nicht mit konstanter Geschwindigkeit bewegen, sondern ihre Geschwindigkeit variieren.

Das dritte Keplersche Gesetz besagt, dass das Verhältnis der Umlaufzeiten von Planeten zu ihrer Entfernung von der Sonne konstant ist. Dies bedeutet, dass die Umlaufzeit eines Planeten um die Sonne proportional zum Radius seiner Umlaufbahn erhöht wird. Dieses Gesetz erlaubt es, die Umlaufzeit und Entfernung eines Planeten zur Sonne anhand seiner Größe und Masse zu berechnen.

Die Keplerschen Gesetze bilden die Grundlage für die Entwicklung der Himmelsmechanik durch Isaac Newton und haben bis heute einen großen Einfluss auf die Astronomie und Raumfahrt.

Sie ermöglichen es, die Bewegungen der Planeten und anderer Himmelskörper genau zu berechnen und wesentlich zur Entwicklung unseres Verständnisses des Sonnensystems beigetragen zu haben.

●   *Newtons Gravitationsgesetz*

Das **Gravitationsgesetz von Isaac Newton** ist eine der wichtigsten Entdeckungen in der Geschichte der Physik und hat bis heute großen Einfluss auf unser Verständnis von Himmelskörpern und ihrer Bewegung. **Es besagt, dass sich alle Massen im Universum aufgrund der Gravitationskraft anziehen.**

Das Gravitationsgesetz besagt, dass die Gravitationskraft zwischen zwei Körpern proportional zu ihren Massen und umgekehrt proportional zum Quadrat des Abstands zwischen ihnen ist.

Mit anderen Worten, je größer die Massen und je näher die Körper beieinander liegen, desto stärker ist die Anziehungskraft zwischen ihnen.

Diese Gesetzmäßigkeit wurde von **Newton** in seiner berühmten Arbeit **„Mathematische Prinzipien der Naturphilosophie"** im **Jahr 1687** und ermöglichte es erstmals, die Bewegung von Himmelskörpern genau zu berechnen.

Es erlaubt auch die Prognose von Ereignissen wie Sonnen- und Mondfinsternissen und bildet die Grundlage für die moderne Astronomie und Raumfahrt.

Newton selbst beschrieb sein Gravitationsgesetz als „eine Anziehungskraft, die proportional zu der Masse des Körpers ist und umgekehrt proportional zum Quadrat des Abstands von ihm entfernt ist". Diese Formulierung ist bis heute unverändert geblieben und wird als Newtonsches Gravitationsgesetz bezeichnet.

Das Gesetz hat auch weitreichende Auswirkungen in anderen Bereichen der Physik.

Zum Beispiel ermöglicht es die Berechnung der Gravitationskraft, die von der Erde auf Objekte auf ihrer Oberfläche durchgeführt wird, was für die Konstruktion von Gebäuden und Brücken wichtig ist.

Es wird auch verwendet, um die Bewegung von Planeten, Sternen und Galaxien zu verstehen.

Obwohl das Gravitationsgesetz von Newton durch das Einsteinsche Relativitätstheorie ergänzt und teilweise ersetzt wurde, bleibt es immer noch ein wichtiges Instrument zur Erklärung und Vorhersage von Bewegungen und Phänomenen im Universum. Es ist ein wesentlicher Bestandteil der Grundkenntnisse der Astronomie und wird in diesem Kontext ausführlich behandelt.

● *Relativitätstheorie*

Die Relativitätstheorie ist eine Theorie, die von Albert Einstein entwickelt wurde und unser Verständnis von Raum und Zeit revolutionierte.

Es gibt zwei Hauptteile der Relativitätstheorie:

- die spezielle Relativitätstheorie und
- die allgemeine Relativitätstheorie.

Die spezielle Relativitätstheorie wurde von Einstein im Jahr 1905 vorgestellt und gesagt, dass die physikalischen Gesetze in allen Inertialsystemen gleich sind, unabhängig davon, ob sie sich relativ zueinander bewegen oder ruhen.

Die spezielle Relativitätstheorie beinhaltet auch die berühmte Gleichung $E = mc^2$, die besagt, dass Energie und Masse äquivalent sind und ineinander umgewandelt werden können.

Die allgemeine Relativitätstheorie wurde von Einstein im Jahr 1915 entwickelt und stellt eine erweiterte Theorie der Gravitation dar.

Sie besagt, dass die Gravitation nicht auf einer mysteriösen "Anziehungskraft" beruht, sondern auf einer Krümmung von Raum und Zeit durch Massen und Energie.

Dies bedeutet, dass Objekte mit großer Masse eine Krümmung im Raum-Zeit-Kontinuum verursachen, die andere Objekte in ihrer Nähe beeinflusst.

Die Relativitätstheorie hat Auswirkungen auf viele Bereiche der modernen Physik und Astronomie.

Zum Beispiel erklärt sie Phänomene wie die

- **Abweichungen der Umlaufbahnen von Planeten**,
- **die Gravitationslinsen Wirkung** und
- **die Entstehung von Schwarzen Löchern**.

Es ist ein wesentlicher Bestandteil der Grundkenntnisse der Astronomie.

III. STERNE UND IHRE EIGENSCHAFTEN

Sterne sind faszinierende Objekte am Himmel und spielen eine zentrale Rolle in der Astronomie.

In diesem Abschnitt stelle ich Dir in einer kurzgefassten Übersicht die **grundlegenden Eigenschaften** von Sternen und ihre **Klassifikation** vor:

Aufbau von Sternen

- Die Zusammensetzung von Sternen
- Kernfusion und Energieerzeugung in Sternen
- Die Schichten eines Sterns: Kern, Strahlungszonen, Konvektionszonen, Atmosphäre

Sternklassifikation

- Das Hertzsprung-Russell-Diagramm
- Spektralklassen von Sternen: O, B, A, F, G, K, M
- Die Bedeutung der Sternklassifikation für das Verständnis von Sternen

Physikalische Eigenschaften von Sternen

- Masse, Größe und Leuchtkraft von Sternen
- Der Lebenszyklus von Sternen: Entstehung, Hauptreihe, Rote Riesen, Weiße Zwerge, Neutronensterne und Schwarze Löcher

- Die Beziehung zwischen der Masse eines Sterns und seinem Lebenszyklus

Sternentstehung und -entwicklung

- Die Entstehung von Sternen aus interstellaren Gas- und Staubwolken
- Die Rolle von Schwerkraft und Druck bei der Sternentstehung
- Die Entwicklung von Sternen im Verlauf ihrer Lebenszeit

Beobachtung von Sternen

- Teleskope und Beobachtungsinstrumente zur Untersuchung von Sternen
- Methoden der Sternspektroskopie
- Die Bedeutung der Sternbeobachtung für die Astronomie und andere Wissenschaften

Das Verständnis von Sternen und ihre Eigenschaften ist von großer Bedeutung für die Astronomie und hat auch Auswirkungen auf andere Bereiche der Wissenschaft.

Durch die Untersuchung von Sternen können wir mehr über die Entstehung und Entwicklung des Universums erfahren und unser Wissen über die Physik und Chemie von Materie erweitern.

● *Entstehung und Entwicklung von Sternen*

Sterne entstehen aus interstellaren Gas- und Staubwolken, die sich unter dem Einfluss von Schwerkraft und Druck zusammenballen.

In diesem Abschnitt stelle ich Dir die Schritte der Sternentstehung und -entwicklung vor.

Kollaps einer Gas- und Staubwolke

- Eine Gas- und Staubwolke wird durch Schwerkraft und Druck zusammengehalten
- Durch zufällige Dichteschwankungen kann es zur Bildung einer dichten Region kommen, die sich weiter zusammenzieht

Entstehung einer Protostern

- Die Gas- und Staubwolke zieht sich durch den Kollaps immer weiter zusammen
- Durch die Kompression steigt die Temperatur und es kommt zur Zündung von Kernfusion im Zentrum, was eine Protostern bildet

Entwicklung zur Hauptreihe

- Die Protostern Phase endet, wenn sich der Stern stabilisiert und genug Energie erzeugt, um sein eigenes Gewicht zu tragen
- Der Stern tritt in die Hauptreihe ein, die Phase, in der er den größten Teil seines Lebens bringt, indem er Wasserstoff in Helium umwandelt

Entwicklung zu Roten Riesen

- Wenn der Wasserstoff im Zentrum des Sterns verwendet

wird, beginnt der Stern zu schrumpfen und seine äußeren Schichten auszudehnen, wodurch er zu einem Roten Riesen wird

- In dieser Phase entsteht der Stern Energie durch Fusion von Helium zu schwereren Elementen

Entwicklung zu Weißen Zwergen, Neutronensternen oder Schwarzen Löchern

- Wenn die Brennstoffe des Sterns aufgebraucht sind, kühlt er ab und zieht sich zusammen, um entweder zu Weißen Zwerg, Neutronenstern oder Schwarzen Loch zu Werden, abhängig von Einer Masse

Die Entstehung und Entwicklung von Sternen ist ein wichtiger Bestandteil der Astronomie und bietet Einblicke in die Physik und Chemie von Materie und die Geschichte des Universums.

Die Erforschung von Sternen und ihre Eigenschaften ist ein kontinuierlicher Prozess, der unser Verständnis des Kosmos erweitert.

Sternklassifikation und Spektralanalyse

Die Sternklassifikation bezieht sich auf die Einteilung von Sternen in verschiedenen Kategorien auf der Grundlage ihrer physikalischen Eigenschaften.

Die Klassifizierung von Sternen basiert auf ihrer Spektralklasse, die aus der Analyse des von ihnen emittierten Lichts gewonnen wird.

Die Spektralanalyse liefert wichtige Informationen über die chemische Zusammensetzung und Temperatur der Sternoberfläche.

In diesem Abschnitt stelle ich Dir die verschiedenen Sterntypen und ihre Klassifizierung anhand der Spektralanalyse vor:

Spektralklassen

- Sterne werden nach ihrer Temperatur und chemischen Zusammensetzung in sieben Hauptklassen unterteilt: O, B, A, F, G, K und M
- Die Klassifizierung erfolgt durch die Analyse der Spektrallinien, die durch das Licht des Sterns erzeugt werden
- O-Sterne sind die heißesten, M-Sterne die kühlsten

Sterntypen

- Sterne werden auch nach ihrer Größe und Leuchtkraft in verschiedene **Typen** eingeteilt
- **Hauptreihensterne** sind die am häufigsten vorkommenden Sterne, die im Zustand der Wasserstofffusion stabil sind
- **Rote Riesen** sind Sterne, die Wasserstofffusion in ihrem Kern nicht mehr auflösenStd. können und dadurch

anschwellen

- **Weiße Zwerge** sind Sterne, die sich in der Endphase ihres Lebenszyklus befinden und keine nennenswerte Fusion mehr aufweisen

Anwendungen

- Die Spektralanalyse wird verwendet, um die Zusammensetzung von Sternen und Galaxien zu untersuchen
- Es hilft Astronomen, die Entfernung, Bewegung und Rotverschiebung von Sternen zu bestimmen
- Es ermöglicht auch die Untersuchung von Supernova und anderen astronomischen Ereignissen

Die Klassifizierung von Sternen anhand ihrer Spektralklasse und die Analyse ihres Lichts sind praktische Techniken in der Astronomie.

Die Anwendung dieser Techniken hat uns geholfen, das Universum besser zu verstehen und unser Wissen über Sterne und Galaxien zu erweitern.

- **Sternaufbau und -energiegewinnung**

Sterne sind gigantische Kugeln aus Gas, die ihre Energie durch Kernfusion in ihrem Inneren erzeugen. Die Energie, die während der Kernfusion freigesetzt wird, hält den Stern stabil und gibt ihm seine markante Leuchtkraft.

Aufbau des Sterns

- Ein Stern besteht aus verschiedenen Schichten: dem Kern, der Strahlungszone, der Konvektionszone und der Photosphäre.
- Der Kern ist der heißeste und dichteste Teil des Sterns und der Ort, an dem die Kernfusion stattfindet.
- Die Strahlungszone befindet sich zwischen dem Kern und der Konvektionszone und die Energie des Kerns durch

Strahlung nach außen.

- Die Konvektionszone ist eine Schicht, in der die Energie durch Konvektion nach außen transportiert wird.
- Die Photosphäre ist die sichtbare Oberfläche des Sterns.

Energiegewinnung durch Kernfusion

- Sterne erzeugen ihre Energie durch die Verschmelzung von Atomkernen im Inneren des Sterns.
- Die häufigste Art der Kernfusion in Sternen ist die Wasserstofffusion zu Helium im Kern, die bei Temperaturen von mehreren Millionen Grad Celsius stattfindet.
- Die Energie, die während der Kernfusion freigesetzt wird, wird in Form von abgegebener Strahlung und Temperatur und dem Druck im Inneren des Sterns erhöht.

Bedeutung der Energiegewinnung

- Die Energiegewinnung durch Kernfusion hält den Stern stabil und verhindert ein Zusammenbrechen unter der Gravitationskraft.
- Die Energie, die während der Kernfusion erzeugt wird, gibt dem Stern seine bemerkenswerte Leuchtkraft und ermöglicht es ihm, Licht und Wärme ins Universum abzugeben.
- Die Energie, die von Sternen abgegeben wird, ist auch für die Entstehung von Leben auf Planeten in ihrer Umgebung von entscheidender Bedeutung.

Die Kenntnis des Stern Aufbaus und der Energiegewinnung durch Kernfusion ist von grundlegender Bedeutung für unser Verständnis der Astrophysik. Sterne sind die fundamentalen Bausteine des Universums und ihre Studie hilft uns, unser Verständnis der Entstehung und Entwicklung von Galaxien und des gesamten Universums zu erweitern.

IV. PLANETENSYSTEME UND PLANETENENTSTEHUNG

Planetensysteme sind komplexe Systeme aus Planeten, Monden und anderen Himmelskörpern, die um eine oder mehrere Sterne kreisen. Die Entstehung von Planetensystemen ist ein wichtiger Bereich der Astrophysik, der uns hilft, die Entstehung und Entwicklung von Planeten zu verstehen.

Planetenentstehung

Die Entstehung von Planeten beginnt mit der Bildung eines protoplanetaren Scheiben Systems um einen jungen Stern.

In diesem System kondensieren und wachsen Staubpartikel durch Kollisionen zu größeren Körpern heran, die als Planetesimale bezeichnet werden.

Durch weitere Kollisionen und Akkretion bilden sich schließlich Planeten.

Eigenschaften von Planeten

Planeten können in verschiedene Typen eingeteilt werden, wie terrestrische Planeten (Erde-ähnliche Planeten) und gasförmige Riesenplaneten.

Die Eigenschaften von Planeten, wie ihre Größe, Masse, Zusammensetzung und Entfernung zum Stern, hängen von der Entstehungsgeschichte und der Umgebung ab, in der sie entstanden sind.

Exoplaneten

Exoplaneten sind Planeten, die um andere Sterne als die Sonne kreisen.

Die Entdeckung von Exoplaneten hat unsere Vorstellung von Planetensystemen und ihrer Entstehung erweitert und erlaubt uns, die Vielfalt von Planeten in unserer Galaxie zu studieren.

Bedeutung der Planetenentstehung

Das Verständnis der Planetenentstehung ist von großer Bedeutung für unser Verständnis der Entstehung und Entwicklung von Planetensystemen.

Die Eigenschaften von Planeten können uns auch Hinweise darauf geben, ob es Leben auf ihnen geben könnte.

Die Entdeckung und Untersuchung von Exoplaneten hilft uns, unser Verständnis der Entstehung und Entwicklung von Planetensystemen und des Universums insgesamt zu erweitern.

Die Erforschung von Planetensystemen und der Planetenentstehung ist ein wichtiger Bereich der Astrophysik, der uns hilft, unsere Position im Universum besser zu verstehen und unsere Suche nach Leben im Universum zu vertiefen.

- **Entdeckung und Klassifikation von Planeten**

Die Entdeckung und Klassifikation von Planeten ist ein wichtiger Bereich der Astronomie, der uns hilft, die Vielfalt von Planeten in unserem Universum zu verstehen und zu kategorisieren.

Entdeckung von Planeten

- Früher wurden Planeten nur durch visuelle Beobachtung mit Teleskopen entdeckt.
- **Heute** werden **Planeten** hauptsächlich **durch indirekte Methoden entdeckt**, wie die **Radialgeschwindigkeitsmethode** oder die **Transitmethode**.

Radialgeschwindigkeitsmethode

- Bei der **Radialgeschwindigkeitsmethode** wird die **Bewegung des Sterns überwacht**, die durch die Anziehungskraft des Planeten verursacht wird.
- **Durch die Analyse der Spektrallinien** des Sterns können wir **Veränderungen in der Geschwindigkeit messen**, die durch den Planeten verursacht werden.
- Diese Methode erlaubt es uns, die **Masse und Entfernung des Planeten zu bestimmen**.

Transitmethode

- **Bei der Transitmethode** wird die **Abnahme der Helligkeit des Sterns überwacht**, wenn ein Planet an ihm vorbeizieht.
- Diese Methode erlaubt es uns, die **Größe und Entfernung des Planeten zu bestimmen**.
- Die Transitmethode wird oft verwendet, um kleine und erdähnliche Planeten zu entdecken.

Klassifikation von Planeten

- Planeten können in verschiedene Kategorien eingeteilt werden, wie **terrestrische Planeten (Erde-ähnliche Planeten) und gasförmige Riesenplaneten**.
- Es gibt auch Zwischenkategorien, wie **Mini-Neptune oder Super-Erde**.
- **Die Klassifikation** von Planeten hängt von Eigenschaften wie ihrer **Größe, Masse und Zusammensetzung** ab.

Die Entdeckung und Klassifikation von Planeten ist ein wichtiger Bereich der Astronomie, der uns hilft, die Vielfalt von Planeten in unserem Universum zu verstehen und zu kategorisieren. Die Entwicklung neuer Methoden zur Entdeckung von Planeten und die Untersuchung von Exoplaneten erlaubt es uns, unser Wissen über Planeten und Planetensysteme zu erweitern und zu vertiefen.

Eigenschaften der Planeten und ihrer Atmosphären

Die Eigenschaften der Planeten und ihrer Atmosphären sind ein wichtiges Thema in der Astronomie, da sie uns helfen, die Vielfalt von Planeten in unserem Universum zu verstehen und ihre Eignung für das Leben zu beurteilen.

Terrestrische Planeten

- Terrestrische Planeten haben eine feste Oberfläche und eine dünne Atmosphäre.
- Sie sind in der Regel kleiner als gasförmige Planeten und haben höhere Dichten.
- Beispiele für terrestrische Planeten sind die Erde, Venus, Mars und Merkur.

Gasförmiger Planet

- Gasplaneten haben keine feste Oberfläche und bestehen hauptsächlich aus Gasen wie Wasserstoff, Helium und Methan.
- Sie sind in der Regel größer als terrestrische Planeten und haben niedrigere Dichte.
- Beispiele für gasförmige Planeten sind Jupiter, Saturn, Uranus und Neptun.

Atmosphären von Planeten

- Die Atmosphären von Planeten variieren je nach Größe, Zusammensetzung und Entfernung von ihrem Stern.
- Die Atmosphären von terrestrischen Planeten enthalten in der Regel Stickstoff, Sauerstoff, Kohlendioxid und Wasserstoff.
- Die Atmosphären von gasförmigen Planeten enthalten

hauptsächlich Wasserstoff und Helium, aber auch andere Gase wie Methan und Ammoniak.

Bedeutung von Atmosphären

- Die Atmosphären von Planeten spielen eine wichtige Rolle bei der Eignung für das Leben.
- Eine Atmosphäre kann helfen, das Klima zu regulieren und eine Schutzschicht gegen Strahlung und Meteoriten zu bieten.
- Die Atmosphäre kann auch Indikatoren für die Anwesenheit von Leben liefern, wie zum Beispiel das Vorhandensein von Sauerstoff auf der Erde.

Die Eigenschaften der Planeten und ihrer Atmosphären sind ein wichtiger Bereich der Astronomie, der uns hilft, die Vielfalt von Planeten in unserem Universum zu verstehen und ihre Eignung für das Leben zu beurteilen.

Die Untersuchung von Exoplaneten und die Suche nach lebensfreundlichen Bedingungen in anderen Sonnensystemen erlaubt es uns, unser Wissen über Planeten und ihre Atmosphären zu erweitern und zu vertiefen.

● Entstehung von Planetensystemen

Die Entstehung von Planetensystemen ist ein wichtiger Forschungsbereich in der Astronomie, der uns hilft, die Entstehung und Entwicklung unseres eigenen Sonnensystems sowie anderer Planetensysteme besser zu verstehen.

Akkretionstheorie

- Die Akkretionstheorie besagt, dass Planeten aus einer protoplanetaren Scheibe entstehen, die sich um einen jungen Stern herum bildet.
- Staub und Gaspartikel in der protoplanetaren Scheibe kollidieren und haften aneinander, um größere Körper zu bilden, die als Planetesimale bezeichnet werden.
- Diese Planetesimale kollidieren und verschmelzen schließlich zu Planeten.

Kollisionstheorie

- Die Kollisionstheorie besagt, dass Planeten durch Kollisionen von Planetesimale entstehen, die aus der protoplanetaren Scheibe stammen.
- Kollisionen zwischen diesen Körpern können dazu führen, dass sie sich zu größeren Körpern verbinden.
- Diese Körper können dann weiter kollidieren, um schließlich Planeten zu bilden.

Migrationstheorie

- Die Migrationstheorie besagt, dass Planeten ihre Entstehung in einem anderen Bereich des Sonnensystems begonnen haben und später durch Gravitationskräfte in ihre derzeitigen Umlaufbahnen gebracht wurden.

- Diese Theorie kann erklären, warum einige Planeten in ungewöhnlichen Umlaufbahnen um ihren Sternkreisen.

Bedeutung der Entstehung von Planetensystemen

- Die Entstehung von Planetensystemen ist wichtig, um unser Verständnis des Universums und unsere eigene Existenz zu erweitern.
- Die Untersuchung von Exoplaneten und anderen Planetensystemen hilft uns, zu verstehen, wie häufig Planetensysteme in unserer Galaxie sind und welche Bedingungen notwendig sind, um Planeten zu bilden.
- Das Verständnis der Entstehung von Planetensystemen ist auch wichtig, um die Bildung von Leben auf anderen Planeten zu untersuchen.

Die Entstehung von Planetensystemen ist ein wichtiger Forschungsbereich in der Astronomie, der unser Verständnis des Universums und unsere eigene Existenz erweitert.

Durch die Untersuchung von Exoplaneten und anderen Planetensystemen kann vorausgesagt werden, wie häufig Planetensysteme in unserer Galaxie sind und welche Bedingungen notwendig sind, um Planeten zu bilden. Die Entstehung von Planetensystemen ist auch wichtig, um die Bildung von Leben auf anderen Planeten zu untersuchen.

V. GALAXIEN UND KOSMOLOGIE

Galaxien sind riesige Ansammlungen von Sternen, Gas und Staub, die durch Gravitation zusammengehalten werden.

In der Astronomie ist die Untersuchung von Galaxien und der Kosmologie - der Studie des Universums als Ganzes - von großer Bedeutung.

Typen von Galaxien

- Es gibt drei Haupttypen von Galaxien: elliptische, spiralförmige und unregelmäßige.
- **Elliptische Galaxien** sind kugelförmige Ansammlungen von Sternen, während **spiralförmige** Galaxien aus einem zentralen Bulge und Spiralarmen bestehen.
- Unregelmäßige Galaxien haben keine bestimmte Form und enthalten junge Sterne und Gas.

Entfernungsmessung von Galaxien

- Da Galaxien so weit entfernt sind, **können wir ihre Entfernung nicht direkt messen**.
- Stattdessen verwenden Astronomen eine Vielzahl von Techniken, um ihre Entfernung zu bestimmen, wie zB die **Verwendung von Supernovae als standardisierte Kerzen**.

Kosmologie

- Kosmologie ist die Studie des Universums

als Ganzes, einschließlich seiner Entstehung, Struktur und Entwicklung.

- Eine der wichtigsten Entdeckungen in der Kosmologie ist die Expansion des Universums, die besagt, dass sich das Universum seit dem Urknall vor etwa 14 Milliarden Jahren ständig ausdehnt.

- Astronomen verwenden auch kosmologische Modelle, um die Entstehung und Entwicklung des Universums zu erklären.

Dunkle Materie und Dunkle Energie

- Astronomen haben festgestellt, dass die meisten Materie im Universum aus etwas besteht, das wir nicht direkt sehen können, und das wir "dunkle Materie" nennen.

- Dunkle Energie ist ein weiteres mysteriöses Phänomen, das entdeckt wurde und das die Erweiterung des Universums beschleunigt.

Die Untersuchung von Galaxien und der Kosmologie ist von großer Bedeutung in der Astronomie, um unser Verständnis des Universums zu erweitern.

Durch die Untersuchung der Entstehung, Struktur und Entwicklung von Galaxien können wir voraussagen, wie sich unser eigenes Sonnensystem und die Erde innerhalb der Milchstraße und des Universums positionieren.

Die Kosmologie ermöglicht uns, die Entstehung und Entwicklung des Universums als Ganzes zu erklären und unser Verständnis der dunklen Materie und der dunklen Energie zu erweitern.

• *Struktur und Eigenschaften von Galaxien*

Galaxien sind die Bausteine des Universums und bestehen aus einer Vielzahl von Sternen, Gas und Staub, die durch die Gravitationskraft zusammengehalten werden. Die Struktur und Eigenschaften von Galaxien sind von großer Bedeutung für die Astronomie.

Typen von Galaxien

- Es gibt **drei Haupttypen von Galaxien: elliptische, spiralförmige und unregelmäßige**.
- Elliptische Galaxien sind kugelförmige Ansammlungen von Sternen, während spiralförmige Galaxien aus einem zentralen Bulge und Spiralarmen bestehen.
- Unregelmäßige Galaxien haben keine bestimmte Form und enthalten junge Sterne und Gas.

Sterne in Galaxien

- Sterne sind die Hauptkomponenten von Galaxien und bestimmen ihre Struktur und Eigenschaften.
- In elliptischen Galaxien sind die Sterne in einer kugelförmigen Verteilung angeordnet, während sie in spiralförmigen Galaxien entlang der Spiralarme angeordnet sind.
- In unregelmäßigen Galaxien gibt es oft viele junge Sterne, die in Staubwolken geboren werden.
3. Gas und Staub in Galaxien
- Gas und Staub sind auch wichtige Bestandteile von Galaxien und tragen zur Sternentstehung bei.
- In spiralförmigen Galaxien konzentrieren sich Gas und Staub oft in den Spiralarmen, während in elliptischen

Galaxien weniger Gas und Staub vorhanden sind.

- Unregelmäßige Galaxien enthalten oft große Mengen an Gas und Staub, die durch Sternentstehung verwendet werden können.

Dunkle Materie in Galaxien

- Die meisten Materie in Galaxien besteht aus etwas, das wir nicht direkt sehen können, und das wir "dunkle" Materie nennen.
- Die Anwesenheit von dunkler Materie in Galaxien erklärt, warum sie sich anders verhalten, als es die sichtbare Materie allein vermuten lässt.

Supermassive Schwarze Löcher in Galaxien

- Viele Galaxien, einschließlich unserer eigenen Milchstraße, haben supermassive Schwarze Löcher im Zentrum.
- Diese Schwarzen Löcher haben enorme Gravitationskräfte und beeinflussen die Bewegung von Sternen in der Nähe.

Die Struktur und Eigenschaften von Galaxien sind von entscheidender Bedeutung für die Astronomie, um unser Verständnis des Universums und unsere Position darin zu erweitern.

Durch die Untersuchung der Sterne, des Gases, des Staubs und der dunklen Materie in Galaxien können wir erkennen, wie sich Galaxien bilden und entwickeln, wie sie miteinander interagieren und wie sie unser Universum formen.

• *Entstehung und Entwicklung des Universums*

Die Entstehung und Entwicklung des Universums ist ein faszinierendes und immer noch nicht vollständig verstandenes Thema der Kosmologie.

Der Urknall, der vor etwa 13,8 Milliarden Jahren stattgefunden haben soll, markiert den Anfang des Universums, wie wir es heute kennen.

Von diesem Zeitpunkt an begann das Universum zu expandieren und abzukühlen, was zur Bildung von Atomen und schließlich zur Entstehung von Sternen, Galaxien und anderen Strukturen führte.

Im Laufe der Zeit haben Wissenschaftler mithilfe von Beobachtungen und Messungen unser Verständnis der kosmischen Entwicklung verbessert.

Die kosmische Hintergrundstrahlung, eine Art Echo des Urknalls, gibt uns wichtige Informationen darüber, wie das Universum in seinen frühesten Tagen ausgesehen haben könnte.

Beobachtungen von Galaxien und deren Verteilung im Universum haben auch unser Verständnis der Struktur des Universums erweitert und Theorien wie die Dunkle-Materie-Hypothese und die Dunkle-Energie-Hypothese hervorgebracht.

Trotz dieser Fortschritte gibt es noch viele offene Fragen in Bezug auf die Entstehung und Entwicklung des Universums:

- Wie ist das Universum entstanden.
- Was ist Dunkle Materie und wie interagieren sie mit

anderen Teilchen.

- Was ist der Ursprung der Dunklen Energie, die für die beschleunigte Expansion des Universums verantwortlich ist.

Diese Fragen treiben die Forschung in der Kosmologie voran und es bleibt spannend zu sehen, was die Zukunft für unser Verständnis des Universums bereithält.

• Kosmologische Modelle und Expansion des Universums

Kosmologische Modelle sind Theorien darüber, wie das Universum entstanden ist und wie es sich im Laufe der Zeit entwickelt hat.

Eines der wichtigsten Modelle ist das **Big-Bang-Modell**, das besagt, dass das Universum aus einem einzigen Punkt heraus entstanden ist und sich ständig ausdehnt.

Die Expansion des Universums wurde erstmals in den **1920**er Jahren von **Edwin Hubble** entdeckt, der feststellte, **dass sich Galaxien von uns weg bewegen**.

Dies folgte zur Entwicklung der Hubble-Konstante, die sicherte, wie schnell sich das Universum ausdehnt. Diese Expansion ist jedoch nicht gleichmäßig, sondern wird durch die Verteilung von Materie und Energie im Universum beeinflusst.

Kosmologische Modelle berücksichtigen auch die Rolle der Dunklen Materie und Dunklen Energie, die zusammen die überwiegende Mehrheit der Materie und Energie im Universum ausmachen.

Diese beiden Phänomene beeinflussen die Ausdehnung des Universums und beeinflussen auch die Bildung von Strukturen wie Galaxien und Galaxienhaufen.

Ein **weiteres wichtiges Konzept in der Kosmologie ist die Inflation**, die besagt, dass das Universum kurz nach dem Urknall in sehr kurzer Zeit extrem schnell expandierte.

Die Inflation erklärt einige der Beobachtungen des Universums, die nicht mit dem Big-Bang-Modell allein erklärt werden können.

Insgesamt haben kosmologische Modelle und die Beobachtungen der Expansion des Universums unser Verständnis der Entstehung und Entwicklung des Universums revolutioniert.

Durch die Verbesserung unserer Modelle können wir hoffentlich auch in Zukunft weitere Erkenntnisse über das Universum gewinnen.

VI. INTERDISZIPLINÄRE PERSPEKTIVEN

Die Erforschung des Universums erfordert eine interdisziplinäre Perspektive, die über die Astronomie hinausgeht und Aspekte der Physik, Chemie, Biologie, Geologie und Mathematik umfasst.

Zum Beispiel spielt **die Physik** eine wichtige Rolle bei der Untersuchung der Eigenschaften von Sternen und Galaxien.

Die Chemie ist wichtig, um das Vorhandensein von Elementen und Molekülen im Universum zu verstehen und wie sie miteinander reagieren.

Die Biologie kann helfen, die Möglichkeit von Leben im Universum zu untersuchen, und **die Geologie** kann uns helfen, die Geschichte der Erde und ihre Beziehung zum Universum zu verstehen.

Die Mathematik ist eine wichtige Werkzeugkiste für die Astronomie, die bei der Analyse von Daten, der Entwicklung von Modellen und der Vorhersage von Ereignissen eingesetzt wird.

Die Entwicklung von Computern hat auch dazu beigetragen, dass wir enorme Datenmengen analysieren und komplexe Modelle erstellen können, um unser Verständnis des Universums zu vertiefen.

Ein weiterer wichtiger Aspekt der interdisziplinären Perspektive ist **die Philosophie**, die uns hilft, die Bedeutung und Relevanz unserer Erkenntnisse zu verstehen und zu bewerten.

Die Ethik ist auch wichtig, um die Auswirkungen unserer Forschung auf die Umwelt und die Gesellschaft zu berücksichtigen.

Insgesamt ist eine interdisziplinäre Perspektive unerlässlich, um ein umfassendes Verständnis des Universums zu erreichen und um sicherzustellen, dass unsere Forschung auf verantwortungsvolle und ethische Weise durchgeführt wird.

EVA PRASCH

●   *Astronomie und Raumfahrt*

Die Raumfahrt hat eine wichtige Rolle in der Entwicklung der modernen Astronomie gespielt.

Die Entdeckung und Erforschung von Planeten, Monden und anderen Himmelskörpern durch Raumsonden und Teleskope hat unser Verständnis des Sonnensystems und des Universums erheblich erweitert.

Ein Beispiel für die Bedeutung der Raumfahrt in der Astronomie ist die Entdeckung von Wasser auf dem Mars durch die Marsrover der NASA.

Diese Entdeckung hat unser Verständnis von der Möglichkeit von Leben im Sonnensystem verändert und uns motiviert, weitere Erkundungen des Mars und anderer Himmelskörper fortzusetzen.

Auch die Verwendung von Teleskopen im Weltraum hat unser Verständnis des Universums erweitert. Durch die Vermeidung von störenden Einflüssen der Erdatmosphäre können Weltraumteleskope wie das **Hubble Space Telescope** klare Bilder des Universums aufnehmen und tiefere Einblicke in die Geschichte des Universums geben.

Zukünftige Missionen in der Raumfahrt wie die geplante **James-Webb-Weltraumteleskop-Mission** und die Exploration von Monden und Planeten, wie dem Jupitermond Europa, werden unser Verständnis des Universums weiter vorantreiben.

Die Raumfahrt und die Astronomie sind untrennbar miteinander verbunden und werden auch in der Zukunft eng miteinander verbunden sein.

Die Erkundung des Weltraums und die Erforschung des Universums werden weiterhin durch Fortschritte in Technologie und Wissenschaft vorangetrieben.

• Astronomie und Astrobiologie

Die Astrobiologie ist ein interdisziplinäres Forschungsgebiet, das sich mit der Suche nach Leben im Universum befasst.

Die Astronomie spielt dabei eine wichtige Rolle, da sie uns Einblicke in die Entstehung und Entwicklung von Planeten und Sternensystemen gibt, auf denen potenziell Leben existieren könnte.

Ein Beispiel für die Verbindung zwischen Astronomie und Astrobiologie ist die Entdeckung von Exoplaneten, also Planeten außerhalb unseres Sonnensystems.

Durch die Beobachtung von Sternen und ihren Bewegungen können Astronomen auf die Existenz von Exoplaneten schließen.

Diese Planeten können dann weiter untersucht werden, um festzustellen, ob sie möglicherweise lebensfreundliche Bedingungen haben.

Ein weiterer wichtiger Bereich der Astronomie und Astrobiologie ist die Erforschung extremer Lebensformen auf der Erde, wie zB Bakterien, die in extremen Umgebungen wie in heißen Quellen oder in der Tiefsee leben.

Diese Organismen geben Aufschluss darüber, welche Bedingungen für Leben existenzfähig sind und erweitern somit unser Verständnis dafür, welche Lebensformen im Universum möglich sein könnten.

Die Zusammenarbeit zwischen Astronomen und Astrobiologen wird voraussichtlich in der Zukunft immer wichtiger werden, insbesondere im Zusammenhang mit der Suche nach außerirdischem Leben und der Erkundung von Planeten außerhalb unseres Sonnensystems.

Astronomie und Kulturgeschichte

Die Astronomie hat seit jeher eine wichtige Rolle in der Kulturgeschichte gespielt.

Bereits in der Antike waren Astronomie und Astrologie eng miteinander verbunden, da man glaubte, dass die Stellung des Himmelskörpers einen Einfluss auf das Leben auf der Erde hat.

Die Astronomie hat auch bei der Entwicklung von Kalendern und Zeitmessungen eine wichtige Rolle gespielt.

So haben zum Beispiel die **Maya** einen sehr genauen Kalender entwickelt, der auf astronomischen Beobachtungen basiert.

In der Renaissancezeit trug die Astronomie auch zur Entwicklung der Wissenschaft bei, indem sie die Vorstellung von einem geozentrischen Universum für ein heliozentrisches Modells von Nikolaus Kopernikus widerlegte.

Auch in der Kunst hat die Astronomie ihren Platz gefunden, wie zum Beispiel in den Werken von Künstlern wie **Vincent van Gogh**, der in seinen Gemälden den Sternenhimmel abbildete.

In der modernen Zeit hat die Astronomie auch einen Einfluss auf die Populärkultur, wie zum Beispiel in Science-Fiction-Filmen oder -Serien, die sich mit der Erforschung des Weltalls und der Suche nach außerirdischem Leben befassen.

Die Astronomie und ihre Bedeutung in der Kulturgeschichte zeigen, dass sie nicht nur eine wissenschaftliche Disziplin ist, sondern auch eine kulturelle und soziale Bedeutung hat.

VII. AUSBLICK

In diesem Abschnitt werfen wir einen Blick in die Zukunft der Astronomie und welche neuen Entdeckungen und Erkenntnisse uns erwarten könnten.

Die Astronomie hat in den letzten Jahrhunderten enorme Fortschritte gemacht und es ist zu erwarten, dass sie auch in Zukunft eine wichtige Rolle bei der Erforschung des Universums spielen wird.

Eine der **großen Herausforderungen** in der Astronomie wird es sein, **die dunkle Materie und die dunkle Energie im Universum zu verstehen**.

Diese unsichtbaren Komponenten machen einen Großteil der Masse und Energie im Universum aus, sind aber bisher noch nicht direkt beobachtet worden.

Forscher arbeiten an neuen Technologien und Instrumenten, um diese Rätsel zu lösen und das Universum besser zu verstehen.

Ein weiterer wichtiger Bereich in der Astronomie wird die **Suche nach außerirdischem Leben** sein. Die Entdeckung von extrasolaren Planeten in den letzten Jahren hat gezeigt, dass es eine Vielzahl von Planeten gibt, die in der habitablen Zone um ihre Sterne kreisen und somit möglicherweise lebensfreundliche Bedingungen aufweisen könnten.

Die **Suche nach Hinweisen auf das Leben auf diesen Planeten** wird in Zukunft eine der spannendsten und wichtigsten Fragen in der Astronomie sein.

Die **Entwicklung von neuen Teleskopen und Instrumenten,** wie zum Beispiel dem **James-Webb-Weltraumteleskop, dem Extremely Large Telescope und dem Square Kilometre Array,** wird uns auch in Zukunft neue Einblicke in das Universum ermöglichen.

Diese Instrumente werden uns helfen, tiefere Einblicke in die Entstehung und Entwicklung von Sternen und Galaxien zu gewinnen und uns noch tiefer in die Geheimnisse des Universums eintauchen zu lassen.

Insgesamt bietet die Zukunft der Astronomie viele spannende Möglichkeiten und Herausforderungen, die uns helfen werden, das Universum besser zu verstehen und unseren Platz darin zu finden.

● Aktuelle Forschungs- fragen und -projekte

In diesem Kapitel werden aktuelle Forschungsfragen und -projekte in der Astronomie vorgestellt.

Dabei geht es vor allem um die Erforschung von Sternen, Galaxien und dem Universum als Ganzes.

Zum Beispiel versuchen Wissenschaftler damit, die Entstehung von Sternen und Galaxien besser zu verstehen, die Eigenschaften von Dunkler Materie und Dunkler Energie zu erforschen oder die Struktur des Universums auf kosmologischen Skalen zu untersuchen.

Ein weiteres wichtiges Forschungsgebiet ist die Suche nach Exoplaneten und die Frage, ob es außerhalb unseres Sonnensystems Leben geben könnte.

Hierzu werden Teleskope und Raumsonden eingesetzt, die es ermöglichen, immer tiefere Einblicke in die Weiten des Weltalls zu gewinnen.

Ein bedeutendes Projekt ist zum Beispiel das James-Webb-Weltraumteleskop, 2021 gestartet ist und noch nie dagewesene Auflösung und Empfindlichkeit sendet.

Auch das Square Kilometer Array (SKA), das größte Radioteleskop der Welt, das in Australien und Südafrika stehen wird, wird voraussichtlich 2028 fertiggestellt sein.

Dann werden wir mit bahnbrechenden Erkenntnissen über die Entstehung und Entwicklung von Galaxien und des Universums informiert werden.

Zusätzlich zur technologischen Weiterentwicklung spielen auch die interdisziplinäre Zusammenarbeit und der Austausch zwischen verschiedenen Forschungsgebieten eine immer größere Rolle. So arbeiten Astronomen eng mit Physikern, Mathematikern, Geologen, Biologen und anderen Fachbereichen zusammen, um komplexe Fragestellungen zu lösen und neue Erkenntnisse zu gewinnen. Die Astronomie bleibt somit auch in der Zukunft ein spannendes und sich ständig weiterentwickelndes Forschungsgebiet.

• *Zukunft der Astronomie*

Die Zukunft der Astronomie verspricht viele aufregende Entdeckungen und Möglichkeiten.

Neue Teleskope, Raumsonden und andere Instrumente werden entwickelt, um unser Wissen über das Universum weiter zu vertiefen.

Ein wichtiger Bereich ist dabei die Suche nach extrasolaren Planeten und nach Anzeichen von Leben im Universum.

Hierzu werden spezielle Technologien wie der Nachweis von Biomarkern in der Atmosphäre von Exoplaneten entwickelt.

Auch die Erforschung von Dunkler Materie und Dunkler Energie bleibt ein wichtiger Schwerpunkt in der Astronomie. Neue Experimente und Beobachtungen werden dabei helfen, diese geheimnisvollen Phänomene besser zu verstehen und vielleicht sogar aufzulösen.

Eine weitere Herausforderung besteht darin, die Datenflut aus Beobachtungen zu bewältigen und zu analysieren.

Hier kommen moderne Technologien wie künstliche Intelligenz und maschinelles Lernen zum Einsatz, um Muster und Zusammenhänge in den Daten zu erkennen und neue Erkenntnisse zu gewinnen.

Insgesamt bietet die Zukunft der Astronomie viel Potenzial für bahnbrechende Entdeckungen und ein besseres Verständnis unseres Universums.

www.ingramcontent.com/pod-product-compliance
Lightning Source LLC
Chambersburg PA
CBHW071113220526
45467CB00004B/1848